河北省科学技术协会科普创作出版资金资助

嗨，我是机器人

编著：胡兴志　周九阳　刘伟佳

花山文艺出版社

河北·石家庄

图书在版编目（CIP）数据

嗨，我是机器人 / 胡兴志，周九阳，刘伟佳编著
. — 石家庄 : 花山文艺出版社，2022.9（2023.5 重印）
ISBN 978-7-5511-6413-9

Ⅰ . ①嗨… Ⅱ . ①胡… ②周… ③刘… Ⅲ . ①机器人
—青少年读物 Ⅳ . ① TP242-49

中国国家版本馆 CIP 数据核字 (2023) 第 017834 号

书　　名: 嗨，我是机器人
　　　　　Hai, Wo Shi Jiqi Ren
编　　著: 胡兴志　周九阳　刘伟佳
策　　划: 王秉勋
责任编辑: 贺　进
责任校对: 杨丽英
美术编辑: 陈　淼
封面设计: 李青云
装帧设计: 蔡昕彤
出版发行: 花山文艺出版社（邮政编码：050061）
　　　　　（河北省石家庄市友谊北大街 330 号）
销售热线: 0311-88643221/34/48
印　　刷: 石家庄汇展印刷有限公司
经　　销: 新华书店
开　　本: 880 mm × 1230 mm　1/16
印　　张: 6.5
字　　数: 80 千字
版　　次: 2022 年 9 月第 1 版
　　　　　2023 年 5 月第 2 次印刷
书　　号: ISBN 978-7-5511-6413-9
定　　价: 46.80 元

目 录

第一章

我从哪里来

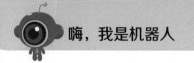

人们对"机器人"并不陌生，从古代的神话传说，到现代的科幻小说、电影等，都有对机器人精彩细致的描述、刻画。

　　捷克著名作家卡雷尔·恰佩克（Karel Capek）在1921年创作的剧本《罗素姆万能机器人》中第一次提到人造机器人，取名为"Robota"，意为"苦力""奴隶"。"Robot"一词就是由此衍生而来，成了机器人的代名词。

一、我是谁

（一）机器人的定义

机器人技术自 20 世纪 60 年代初问世以来，经历了数十年的蓬勃发展，逐渐从科幻世界走进现实世界，现在已经取得了卓越成就。机器人被称为"制造业皇冠顶端的明珠"，已经在工业制造和生活中广泛使用。但是，到目前为止，对于机器人还没有一个明确统一的定义。

下面给出几个有代表性的定义：

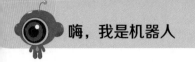

1. 国际标准化组织（International Organization for St-andardization，简称：ISO）的定义

机器人是一种自动的、位置可控的、具有编程能力的多功能机械手，这种机械手具有几个轴，能够借助可编程序操作来处理各种材料、零件、工具和专用装置，以执行各种任务。

2. 美国国家标准局（National Bureau of Standards，简称：NBS）的定义

现称美国国家标准与技术研究院（NIST）的定义：机器人是一种能够进行编程并在自动控制下执行某些操作和移动作业任务的机械装置。

3. 美国机器人工业协会（Robotic Industries Association，简称：RIA）的定义

机器人是一种用于移动各种材料、零件、工具或专用的装置，能通过可编程序动作来执行各种任务，并具有编程能力的多功能机械手。

4. 日本工业机器人协会（Japan Industrial Robot Assoc-iation，简称：JIRA）的定义

机器人是一种装备有记忆装置和末端执行器的，能够转动并通过自动完成各种移动来代替人类劳动的通用机器。

5. 《中国大百科全书》对机器人的定义

能灵活地完成特定的操作和运动任务，并可再编程序的多功能操作器。而对机械手的定义为：一种模拟人手操作的自动机械，它可按固定程序抓取、搬运物件或操持工具完成某些特定操作。

"机器人三定律"是由"机器人学之父"阿西莫夫于1942年首次提出。

第一定律：机器人不得伤害人类，或看到人类受到伤害而袖手旁观。

第二定律：在不违反第一定律的前提下，机器人必须绝对服从人类下达的命令。

第三定律：在不违反第一定律和第二定律的前提下，机器人必须尽力保护自己。

机器人学术界一直将"机器人三定律"作为开发机器人的准则。

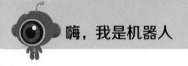

（二）机器人的分类

机器人的分类方式多种多样，可以按照发展历程分类、结构形式和运动形态分类、应用分类等。

1. 按照发展历程分类

按照发展历程从低级到高级，机器人可分为三代。

（1）第一代机器人——示教再现型机器人

第一代机器人是指可编程、具有示教再现功能的工业机器人，通常也可以称为机械手。这类机器人可以再现人类教给它的行为动作，示教方式一般分为手把手示教和通过控制面板示教两种形式。

（2）第二代机器人——感觉型机器人

示教再现型机器人对于外界的环境是没有感知的，无法及时调整自己的工作状态。在第一代的基础上，研究人员开始研发第二代机器人——感觉型机器人，即在机器人身上安装一定数量的传感器，从而获取周围工作环境、机器人操作对象的简单信息，让它拥有人的"五感"。

（3）第三代机器人——智能型机器人

智能型机器人带有大量传感器，具有多种感知功能，可以根据感知到的各种信息，进行复杂的逻辑推理、判断及决策，自主决定自身的行为。

2. 按照结构形式和运动形态分类

机器人按照结构形式和运动状态可分为直角坐标型机器人、圆柱坐标型机器人、球坐标型机器人、选择顺应性装配机器手臂（SCARA）型机器人和关节型机器人。

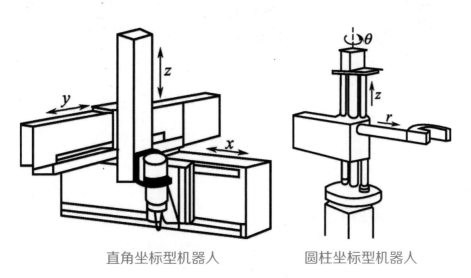

直角坐标型机器人　　　　　　圆柱坐标型机器人

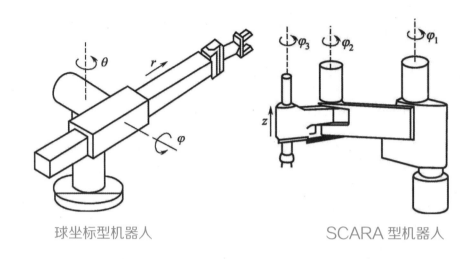

球坐标型机器人　　　　　　SCARA 型机器人

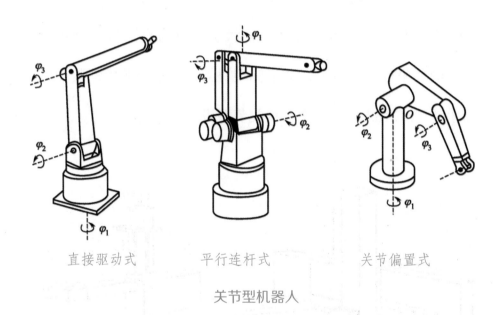

直接驱动式　　　平行连杆式　　　关节偏置式

关节型机器人

3. 按照应用分类

按照应用分类是根据机器人应用环境进行的分类。

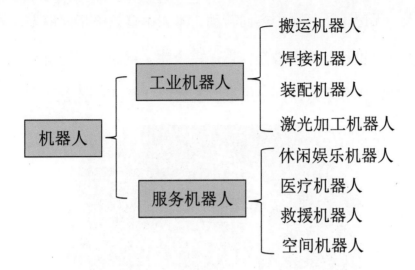

二、我的发展历程

（一）机器人的起源

人们关于机器人的想象早在几千年前就已经存在了。下面对中国古代机器人和国外古代机器人加以介绍。

1. 中国古代机器人

我国最早有关机器人的文字记载是在西周时期，能工巧匠偃师研制出了能歌善舞的"伶人"。

根据《墨子·鲁问》中的相关记载，春秋时期，著名木匠鲁班曾经制造过一只木鸟，能在空中飞行"三日而不下"。

东汉时期，张衡发明了最早的地动仪，称为候风地动仪；利用齿轮的传动作用制造了指南车，在车厢外壳上层放置一个木人，无论车子朝哪个方向转动，木人手臂始终指向南方；创造了计算里程的计里鼓车，据《古今注》记载："记里车，车为二层，皆有木人，行一里下层击鼓，行十里上层击镯。"

三国时期，诸葛亮成功制造出木牛流马，用其运送粮草，可以载重"一岁粮"，相当于 400 斤以上，每日可达"特行者数十里，群行者三十里"。

2. 国外古代机器人

国外许多国家的历史上也都曾出现过对机器人的相关记载。

1662 年，日本的竹田近江利用钟表技术发明了自动机器玩偶。

1737 年，雅克·沃康松制造了一只机器鸭子。

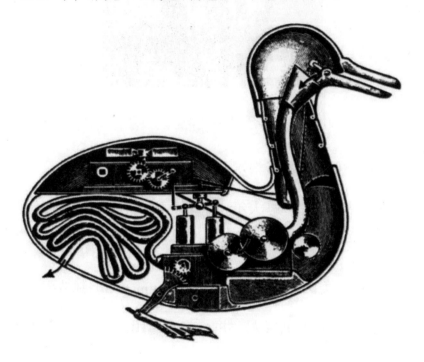

1768—1774 年，德罗兹父子设计制造出了三个真人大小的机器人：写字玩偶、绘图玩偶和演奏玩偶。

1893 年，加拿大莫尔设计出能行走的机器人安德罗丁。

（二）机器人的发展过程

1. 国外机器人发展情况

1954 年，乔治·德沃尔（George Devol）开发出第一台可编程机器人。

1962 年，美国万能自动化公司（Unimation）制造出"尤尼梅特"（Unimate）机器人，并在美国通用汽车公司（GM）投入使用。

1967 年，美国万能自动化公司（Unimation）的第一台喷涂用机器人出口到了日本川崎重工业株式会社。

1968 年，斯坦福研究所（SRI）研发出第一台智能机器人沙基（Shakey）。

1977 年，日本学者研制出了首台多指灵巧手样机。

1978 年，第一台可编程通用装配机器（PUMA）由美国万能自动化公司（Unimation）生产，并被美国通用汽车公司（GM）安装使用。

1980 年，工业机器人在日本普及，故称该年为"机器人元年"，日本也因此而赢得了"机器人王国"的美称。

1996 年，日本本田技研工业株式会社研制出了 P2 型机器人，这是世界上首台能用双足稳定步行的仿人机器人。

2000 年，推出类人型机器人（ASIMO）。

2005 年，美国波士顿动力（Boston Dynamics）公司研制出大狗机器人（Bigdog）。

2. 国内机器人发展情况

20 世纪 70 年代，机器人的研发开始在我国萌芽。

1972 年，中国科学院沈阳自动化研究所开始了机器人的研究工作。

1985 年 12 月，我国第一台水下机器人"海人一号"首航成功，开创了我国机器人研制的新纪元。

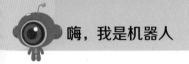

1985 年，哈尔滨工业大学研制出了国内首台弧焊机器人（华宇 I 型），之后又研制出国内第一台点焊机器人（华宇 II 型）。

1997 年，南开大学机器人与信息自动化研究所研制出了我国第一台用于生物实验的微操作机器人系统。

三、机器人的发展现状

（一）机器人的主要技术

机器人的研究涉及多领域，如传感器、机械、控制、人工智能等，属于多学科交叉。

机器人本体
☐ 新型机体材料
☐ 灵活多变结构

传感器与感知系统
☐ 新型传感器开发
☐ 多传感器融合

驱动与控制
☐ 新型驱动装置
☐ 优化控制算法

人工智能
☐ 路径规划
☐ 人机交互

（二）机器人的主要应用

1. 工业机器人

工业机器人，广泛应用于汽车行业、3C 电子行业、食品加工、橡胶及塑料工业、玻璃行业等。

2. 服务机器人

除了工业机器人以外，服务机器人是应用最广泛的，它在我们的生活中随处可见。

3. 救援机器人

救援机器人可代替人类深入危险的环境中进行侦察作业，开展救援工作。以火灾为例，救援机器人可代替消防战士进到高温的火场中采集现场数据并实时传输，使消防人员能够第一时间全面了解火场信息，进而开展灭火救援工作。

4. 手术机器人

近些年来，手术机器人发展趋势大好，它们可以很好地帮助医生，成为医生的小助手，提高手术成功率。

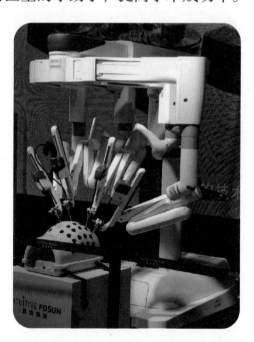

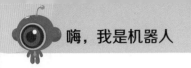

机器人趣味小知识

　　2016 年 3 月，备受世人瞩目的围棋人机大战拉开序幕，阿尔法围棋（AlphaGo）对战围棋世界冠军、职业九段棋手李世石，经过 5 天的激烈角逐，最终阿尔法围棋（AlphaGo）以 4:1 的总比分获胜，成为第一个击败人类职业围棋选手、第一个战胜围棋世界冠军的人工智能机器人。

第二章

我 的 感 知

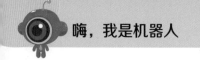
　　2022年的春天，北京2022年冬奥会的吉祥物——"冰墩墩"一跃成为新晋"顶流"，火爆全球，没有人可以拒绝"冰墩墩"。与此同时，冰立方里面还有一个火到国外的明星人物，那就是这个小家伙——"笨小宝"。

　　别看人家的名字叫"笨小宝"，本领可不小。它们每天都要在媒体区、运动员休息区、观众区等多个场所，负责巡检、测温等工作，每天巡逻总面积约6万平方米。它还拥有双语语音模式，当场馆中有人未按要求佩戴口罩时，它会给予人们相应的提醒。与只拥有单功能的服务机器人不同，"笨小宝"具有10多项功能，如物品配送、人证识别、单/多人测温、接待引导、安全巡检，等等。自身所配置的自主切换功能模块，可灵活切换多种模式功能，真正实现"一机多用"，让人耳目一新。

　　"笨小宝"机器人不仅可以自由移动，自主路径规划，规避行人，还能听会道，拥有人类的"五感"。

　　它到底是如何拥有这么多的感知能力，从而实现智能化的呢？

要想让机器人也能像人一样拥有"五感"，就要在机器人上安装上各类传感器。人们常常把传感器的功能与人的感觉器官相比较，光敏传感器相当于视觉，声敏传感器相当于听觉，气敏传感器相当于嗅觉，化学传感器相当于味觉，压敏传感器、温敏传感器相当于触觉。

一、机器人的运动感知

对于一个智能机器人来说，清楚地知道自己实时的运动姿态还有所处的周围环境信息是至关重要的，这就是机器人的运动感知，关乎到机器人能否正常高效地运转工作。

根据测量信息的不同，机器人携带的传感器分为内部传感器和外部传感器两类。

内部传感器用于感知机器人本体的运动状态，以便调整和控制自身行动，是以机器人本身的坐标轴来确定其位置的。

外部传感器用于获取机器人周围环境以及目标物的状态特征信息，判断出自身在环境中的相对位置关系，以便机器人能够更好地进行行动路径的规划和自主避障。

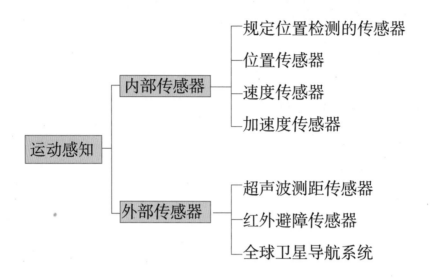

（一）内部传感器

1. 规定位置检测的传感器

判断机器人是否到达规定的起点位置、终点位置或某个确定位置，都属于规定位置检测。在做这种规定位置检测时，最常使用的方法就是判断开或关两个状态值。典型的传感器有微动开关、光电开关等。

2. 位置传感器

位置传感器可以测量线位移和角位移，最常用的传感器有电位器和编码器等。

3. 速度传感器

单位时间内位移的增量就是速度，故也可以利用上述的电位器和编码器进行速度的测量。同时，测速电机也可以进行测速。

4. 加速度传感器

一般情况下，在机器人上安装应用加速度传感器是为了测量振动加速度的，将这个测量信号反馈给机器人的控制系统，可以很好地抑制振动的问题，改善机器人的性能。

常用的加速度传感器有应变片加速度传感器、伺服加速度传感器和压电式加速度传感器三种。

（二）外部传感器

1. 超声波测距传感器

超声波测距传感器可以用于对周围事物的感知，可以测量出机器人本体与周围事物之间的距离。在机器人上安装超声波测距传感器不仅可以实现实时定位其所在位置，还可以检测出机器人在运动过程中是否有可能会出现障碍物，发生碰撞，为

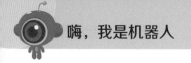

机器人运动路径规划提供依据。

什么是超声波呢？

一般情况下，人们可以听到的声音的频率在 20 Hz ~ 20 kHz，也就是可听声波，超出这个频率范围的声音，人耳就无法听到了。20 kHz 以上的声音便称为超声波。

超声波测距原理：通过超声波发射器向某一方向发射超声波，在发射超声波的同时，开始计时，超声波在空气中传播时碰到障碍物就会立即返回来，超声波接收器收到反射波时，立即停止计时。已知，超声波在空气中的传播速度

为 v，计时器计时为 t，就可以计算出该位置距障碍物的距离 S，即：$S=v\cdot t/2$，这就是时间差测距法。

2. 红外避障传感器

红外避障传感器广泛应用于检测机器人运动过程中是否有障碍物的存在。红外避障传感器有一对红外线发射与接收管，发射管发射出一定频率的红外线，当检测方向遇到障碍物（反射面）时，红外线反射回来被接收管接收，经过比较器 LM393 处理之后，绿色指示灯会亮起，同时信号输出接口输出数字信号（一个低电平信号）。检测距离可通过电位器旋钮调节，有效距离范围 2～30cm，工作电压为 3.3～5V。

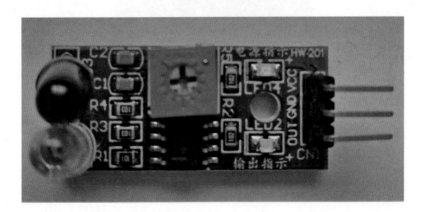

3. 全球卫星导航系统

全球卫星导航系统是一种以人造地球卫星为基础的高精度无线电导航定位系统。应用全球卫星导航系统可以在全球的任

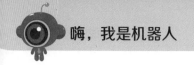

何地方精准确定所处地点的地理位置和时间信息，这些信息可以直接发送到机器人的控制系统中去，用于机器人的定位和导航。目前为止，世界上应用最为广泛的全球卫星导航系统是全球定位系统 (Global Positioning System，简称：GPS)。

近些年来，中国也自主研制了属于自己的全球卫星导航系统，中国北斗卫星导航系统（英文名称：BeiDou Navigation Satellite System，简称：BDS）。

二、机器人的视觉

对于机器人来说，视觉是获取外部环境感知的重要手段之一。想要让机器人能够和人类一样拥有视力，获取外部环境图像，就需要借助视觉传感器的帮助。

视觉传感器是由一个或多个图像传感器组成的，图像传感器分为CCD（Charge-coupled Device）图像传感器和CMOS（Complementary Metal-oxide-semiconductor）图像传感器两类。相较于其他器件是以电流或者电压作为信号而言，CCD图像传感器以电荷作为信号成了它的突出特点。CMOS图像传感器则是以低功耗、高速传输和宽动态范围等特点，广泛应用于高分辨率和高速摄影场合。

对于机器人系统来说，视觉传感器通常是指由图像传感器、外围电路和镜头等构成的相机。

在当前常用的数字相机中，环境中的光线透过镜头投影到CCD/CMOS成像平面上，光信号被转换为电信号并数字化为一个个像素值，最终组成一幅图像进行存储与使用。

三、机器人的听觉

想要成为一个真正的智能机器人，除了要拥有上述的运动感知和视觉以外，听觉也是必不可少的。相比于用计算机键盘、鼠标输入一条指令而言，运用语音指令，实现人机交互，从而

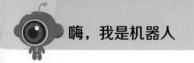

控制机器人高效准确运转是更加方便快捷的。如何能让机器人听到声音？这就需要声音传感器了。

（一）声音传感器的分类

声音传感器就是将声音，也就是声波信号通过运用一定的原理，将其转换为电信号输出。如今市面上的所有声音传感器可以按不同的转换原理分为压电陶瓷传感器、磁电式传感器和电容式传感器三类。

压电陶瓷传感器运用的是正压电效应；磁电式传感器运用的是电磁感应原理；电容式传感器是以各种类型的电容器作为传感元件，将被测物理量或机械量转换为电容量变化的一种转换装置，实际上就是一个具有可变参数的电容器。

由于压电陶瓷传感器的某些压电材料需要防潮措施，磁电式传感器的灵敏度较差，只能近距离使用，所以市面上大多数产品选用的是电容式传感器。

（二）电容式传感器的工作原理

电容式传感器的工作原理是金属板（电极）与薄膜（振膜）形成电容器结构，在有声音输入时，声波使薄膜发生振动，电容器的间距发生变化，电容量也随之发生变化，从而产生与之对应变化的微小电压，经过电容，将微小电压信号输入放大器，随后被转化成 0~5V 的电压输出信号。

模拟型：经过模数（A/D）转换被数据采集器接收，并传送给计算机。

数字型：经过比较器转换成数字 0 和 1 输出，并传送给计算机。

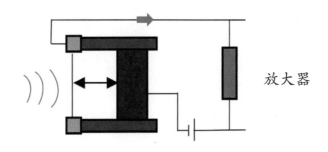

放大器

（三）典型声音传感器模块

声音传感器模块是由麦克风、电位器、电源指示灯、开关指示灯等组成的，共有三个引脚，电源正极（VCC 3.3~5V）、信号输出（OUT）和电源负极（GND）。其灵敏度可以通过电位器调节，输出形式为数字开关量输出，输出值为 0 或者 1 的高低电平，而且是低电平输出驱动的，平时没有声音输入的时候，输出值为 1，有声音输入的时候，输出值为 0。

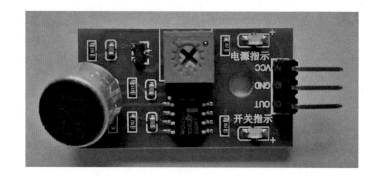

第三章

我的身体

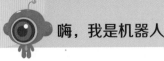

看，一个动作灵敏的机器人正阔步向我们走来，远远望去，它的身影与我们人类并无两样。

这是谁？这就是仿人机器人！它是模仿人的形态和行为而设计制造的机器人。

我既然有着酷似人类的身体，那么身体构造到底是怎样的呢？是否真的与人类一模一样呢？

一、仿人机器人的身体结构

仿人机器人的身体结构主要包含头部、躯干、机械臂、机械手、机械腿、机械足等部分。

◆ 头部不是必须存在的部件，其设计出于仿生考虑，经常用来增强人机交互性能（语音、视觉、表情）。

◆ 躯干是连接各个部位的主体结构。

◆ 机械臂是用于移动末端执行器（机械手）到达工作区。

◆ 机械手是用于完成具体操作任务。

◆ 机械腿和机械脚是使机器人移动并保持平衡。

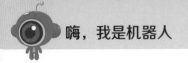
二、运动学

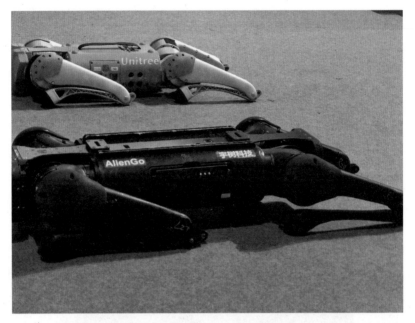

对于一个智能机器人来讲，它的动作都是由控制器控制，自主运动的，而对应于驱动机器人末端执行器运动的各关节参数也是实时变化的。

当机器人想要完成某项任务时，首先，控制器要设定好所需的目标位置和姿态序列数据，运用逆向运动学计算出关节参数序列，然后，按照这个数据驱动机器人关节，使末端执行器能够准确到达目标位置和变换所需姿态。

研究机器人运动学其实就是研究关节变量和机器人末端执行器位置与姿态之间的关系。

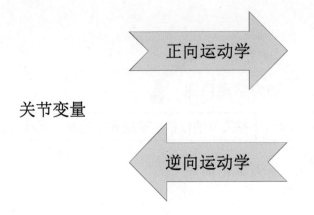

关节变量　　　　　　　　机器人末端执行器位置与姿态

（一）正向运动学

1955 年迪纳维特（Denavit）和哈坦伯格（Hartenberg）提出了一种机器人的通用描述方法，用连杆的参数描述机构的运动关系。这种方法使用 4×4 的齐次变换矩阵来描述两个相邻连杆之间的空间关系，把正向运动学计算问题化简为齐次变换矩阵的运算问题，以此来描述机器人末端执行器相对于参考坐标系的变换关系。由此可以表示机器人的运动方程。

（二）逆向运动学

逆向运动学，就是机器人运动方程的求解问题，常用的方法有代数法、几何法和迭代法等。

三、动力学

机器人动力学实际上就是在研究机器人的运动与作用力之

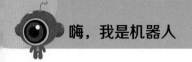
间的关系。

动力学逆问题

| 机械手各关节的作用力或力矩 | 各关节的位移、速度和加速度（运动轨迹） |

动力学正问题

　　研究机器人动力学，是为了对机器人的运动轨迹进行控制，尽可能实现最优控制，使其能够拥有更好的性能，达到理想的预期目标。

　　机器人动力学的常用分析方法有牛顿－欧拉法和拉格朗日法。

第四章

我的控制

　　众所周知，机器人的控制系统就相当于机器人的大脑，它就好比是一位"指挥官"，指挥着机器人的一切行动，是影响机器人性能的决定性因素之一。

一、机器人控制系统概述

（一）控制理论的发展

经典控制理论：利用传递函数，研究单输入—单输出的线性定常连续和离散系统

现代控制理论：采用状态空间法，研究多输入—多输出的定常和时变、线性和非线性系统

智能控制理论：将人工智能和控制理论相结合

（二）控制系统原理方框图

控制系统由被控对象和控制装置（控制器、执行机构和测量变送器）两大部分组成。

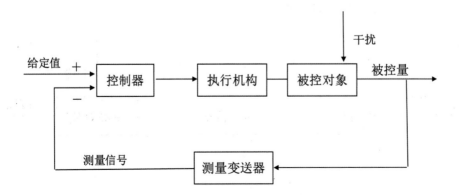

（三）控制系统的分类

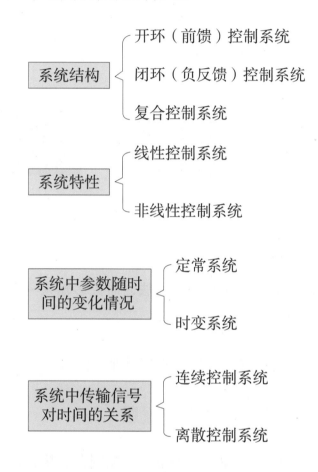

系统结构 ┤ 开环（前馈）控制系统
　　　　　闭环（负反馈）控制系统
　　　　　复合控制系统

系统特性 ┤ 线性控制系统
　　　　　非线性控制系统

系统中参数随时间的变化情况 ┤ 定常系统
　　　　　　　　　　　　　　时变系统

系统中传输信号对时间的关系 ┤ 连续控制系统
　　　　　　　　　　　　　　离散控制系统

1. 开环（前馈）控制系统

给定值 → 控制器 → 执行机构 → 被控对象 → 被控量
　　　　　　　　　　　　　　　　　↑ 干扰

2. 闭环（负反馈）控制系统

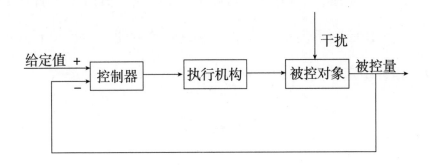

3. 复合控制系统

将前馈控制系统和负反馈控制系统结合起来，形成了复合控制系统。该系统扬长避短，将各自的优势有机地整合在了一起，控制效果显著提高。

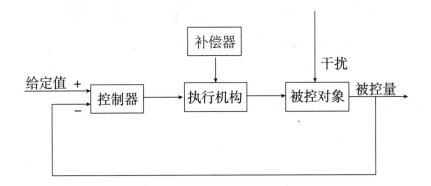

（四）控制系统的基本要求

稳定、准确、快速。

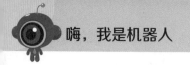

二、传统控制

在控制系统中，PID 控制应用十分广泛，具有不可替代的地位。PID 控制不仅结构简单、参数调整方便，而且控制效果也不错，稳定性高。

（一）PID 控制器的基本原理

传统 PID（Proportional Integral Derivative）控制系统是对给定值 $r(t)$ 与实际输出值 $y(t)$ 之间的偏差 $e(t)$ 进行调节，利用 PID 控制器的比例积分微分环节，发出控制信号去消除偏差 $e(t)$ 的存在，使得系统输出值 $y(t)$ 等于给定值 $r(t)$，保证系统稳定运行。

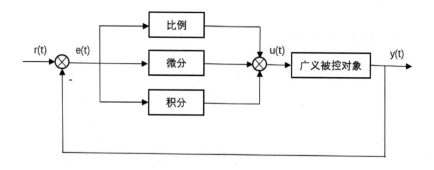

PID 控制器输入为 $e(t)$，输出为 $u(t)$。

$$u(t) = K_{\mathrm{P}}e(t) + K_{\mathrm{i}}\int_0^t e(t)dt + K_{\mathrm{d}}\frac{de(t)}{dt}$$

做拉氏变换，传递函数表达式为：

$$G(s)=\frac{U(s)}{E(s)}=K_P+\frac{K_i}{s}+K_d s=K_P\left(1+\frac{1}{T_i s}+T_d s\right)$$

（二）PID 控制器参数对控制器性能的影响

1. 比例增益 K_P

比例调节能够快速地对偏差信号放大或者缩小一定的倍数，使控制系统迅速产生控制作用，发出控制信号去减小系统偏差的存在，调节作用及时。

比例增益	性能指标
$K_P\uparrow$ $\delta\downarrow$	衰减率↓
	稳态误差↓
	超调量↑
	振荡频率↑

2. 积分时间 T_i

积分调节消除系统的稳态误差，只要存在偏差，积分调节就会产生控制动作，发出控制信号去抵消这部分误差，消除其

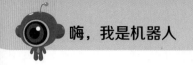

对系统所带来的影响，只有当偏差完全不存在时，积分调节才会消失，系统维持稳定。

积分时间	性能指标
T_i ↑	衰减率 ↑
	稳态误差 =0
	超调量 ↓
	振荡频率 ↓

3. 微分时间 T_d

微分调节是通过检测偏差是否有变化来判断是否产生控制信号的，只要偏差有变化，微分调节就会发出控制动作，而不在乎偏差的大小。加入微分调节，在控制对象是慢对象时，可以有效改善其动态特性。

微分时间	性能指标
T_d ↑	衰减率 ↑
	稳定性 ↑
	超调量 ↓
	振荡频率 ↑

（三）PID 参数整定

对于整个 PID 控制系统来说，人们所关注的焦点是 P、I、D 三个控制参数值的整定，其直接影响着整个系统的控制效果。根据观察分析被控对象的动态过程，以调节规律作为参考依据，通过调整控制器 P、I、D 各项参数，改善控制系统的动静态性能，使其达到更好的控制品质要求。

PID 参数整定方法：

① 动态特性参数法。

② 衰减曲线法。

③ 稳定边界法。

④ 经验试凑法。

三、智能控制

随着传控制理论在实际中不断应用，一些不足之处逐渐显现出来。例如，现实生活中实际的被控对象大多数都是非线性、时变性和不确定性的，传统控制方法不能高效、准确地对其进行控制，很难达到最优化。随着人工智能的发展，自动控制向着更高水平——智能控制发展，这很好地解决了传统控制理论

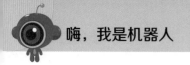

所面临的难题。常用的智能控制理论有模糊控制、神经网络控制、专家控制等。

（一）模糊控制

在模糊控制系统中，最重要的是模糊控制器，模糊控制器是由模糊化、知识库、模糊推理和清晰化四部分构成。

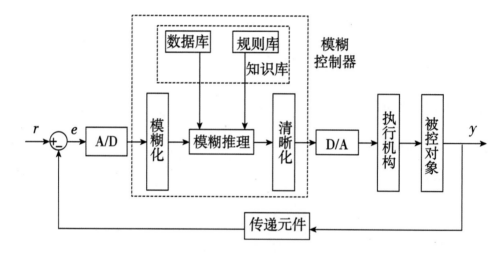

（二）模糊控制器的设计方法

1. 模糊化

在选定的模糊论域内，将精确数值转变为模糊语言变量值，形成模糊集合。

用来表示模糊集合特征的隶属函数有单点隶属函数、三角形隶属函数和高斯型隶属函数三种。

2. 模糊规则

模糊规则就是将操作人员们的实践经验，用模糊语言变量值进行归纳总结出来的规律。

3. 模糊推理

实时检测模糊控制器的输入信号，利用选定的模糊控制规则，在已知输入的情况下，对输出进行逻辑推理，得到相应的输出值。

4. 清晰化

清晰化也称解模糊化，将用模糊语言表示的输出值转为精确值。

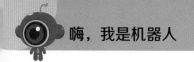
机器人趣味小知识

2017 年 10 月 26 日，沙特阿拉伯授予中国香港汉森机器人技术公司（Hanson Robotics）开发生产的类人机器人索菲亚（Sophia）公民身份，索菲亚（Sophia）成为历史上首个获得公民身份的机器人。

第五章

我的智能

对于智能机器人来说，至少要具备感知、运动和思考三个部分。其中，至关重要的就是思考，思考是感知和运动的中间环节，是桥梁，使智能机器人能够通过对感知的外界环境信息进行理解和推理，从而做出相应的动作。思考包括机器理解、机器推理和机器学习等过程。

一、我有智能

（一）机器理解

机器理解是指让机器能够像人类一样，自主学习和理解一个事物或者概念，并且能够将学习到的知识进行类比，从而去解决相关联的一系列问题。

如何表达知识？

如何让计算机理解知识并在此基础上推理和复用？

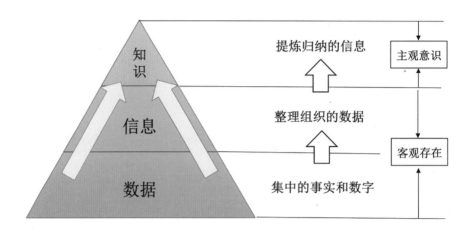

知识 — 提炼归纳的信息 — 主观意识

信息 — 整理组织的数据 — 客观存在

数据 — 集中的事实和数字

（二）知识表达

知识表达（Knowledge Representation，简称：KR）是用一组符号把知识编码成计算机可以接收的某种结构，并且可以复用。

知识表示方法主要有谓词逻辑表示法、产生式表示法、基于框架的知识表示方法、面向对象的知识表示方法和语义网络表示法。

二、我能推理

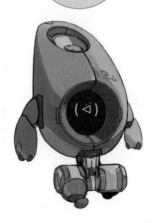

机器人推理是对已经获取的知识，运用规划、演绎等逻辑推理方法产生结论的过程。

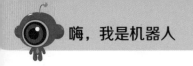

机器推理方法的分类：

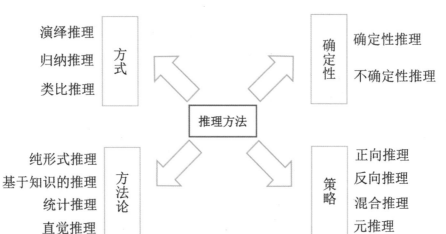

演绎推理
归纳推理　方式
类比推理

确定性　确定性推理
　　　　不确定性推理

推理方法

纯形式推理
基于知识的推理　方法论
统计推理
直觉推理

策略　正向推理
　　　反向推理
　　　混合推理
　　　元推理

三、机器人学习

机器学习的主要研究内容是如何让计算机模拟或实现人类的学习行为。

机器学习方法的分类：

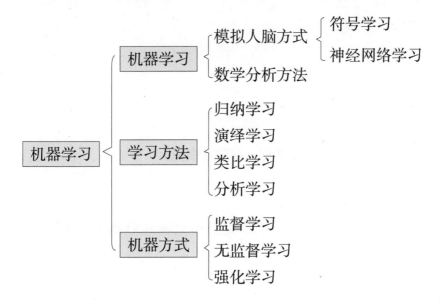

四、我可以与人互动

人机交互（Human-computer Interaction Techniques，简称：HIT）是指通过计算机输入、输出设备，以有效的方式实现人与计算机对话的技术。

交互方式多种多样，主要有语音交互、手势交互、动作交互、情感交互等。

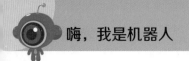

机器人趣味小知识

还记得 2021 年中央广播电视总台春节联欢晚会上，那 24 台以小牛"犇犇"形象惊艳亮相的四足机器人吗？它们跳得了舞，卖得了萌，不仅可以表演后空翻、侧滚翻等高难度动作，还可以立起来作揖，向全国人民拜年，动作一致，队形整齐，走位灵活，这是一场呈现效果超乎想象的高性能四足机器人集群舞蹈表演。

第六章

我家大哥——工业机器人

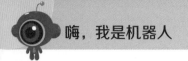

　　工业机器人是广泛用于工业领域的多关节机械手或多自由度的机器装置，可以依靠自身的动力能源和控制实现加工制造功能。其广泛应用于采矿、冶金、石油、航空航天、建筑、汽车、船舶、食品等行业。

　　在工业生产中，搬运机器人、焊接机器人、装配机器人、激光加工机器人等工业机器人都被大量使用。它们可以代替人类完成复杂繁重、重复单调、有危险的工作。

一、搬运机器人

搬运机器人 (Transfer Robot) 是指从事自动化搬运作业的工业机器人，它们可以将工件从一个位置转移至另一个位置。

（一）搬运机器人的基本介绍

1. 系统组成

搬运机器人由搬运机械手和周边设备组成。搬运机械手可搬运轻至几微克，重达 1 吨以上的物品。周边设备包括工件自动识别装置、自动启动和自动传输装置等。搬运机器人可通过安装不同的末端执行器，以达到自由转换，从而搬运不同物品的效果。

2. 特点

搬运机器人具有抓取可靠、移动灵活和摆放整齐等特点，提高了工作效率，降低了工人的劳动强度。

目前，市面上应用的搬运机器人类型主要有直角坐标型、空间关节型和平面关节型三种。

（二）搬运机器人的应用

早在 20 世纪 60 年代，搬运机器人就已经应运而生。现如今，中国、日本、德国等国家在工业生产中都已经广泛使用搬运机

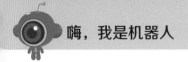

器人。

　　常用的搬运机器人主要有输送机器人和装卸机器人两类。

二、焊接机器人

焊接机器人（Welding Robot）是在工业机器人的末轴法兰上安装焊枪，使之能够进行焊接操作。众所周知，焊接工作难度之大，精度之高，要求焊接工人拥有极其娴熟的焊接技艺，而且进行焊接操作的工作环境一般比较恶劣，对焊接工作人员的身体健康、安全存在危害，而焊接机器人的出现就很好地解决了这些问题。

（一）焊接机器人的基本介绍

1. 焊接机器人系统组成

焊接机器人由机器人系统和焊接设备两部分组成。机器人系统由机器人本体和控制柜（硬件及软件）组成。而焊接装备，则由焊接电源与接口电路（包括控制系统）、送丝机构（弧焊）、焊枪（钳）等部分组成。

2. 焊接机器人主要结构

焊接机器人基本上都属于关节式机器人，大多有 6 个轴，3 个轴确定末端工具的空间位置，3 个轴确定工具的姿态。

焊接机器人本体的机械结构有平行杆型机构和多关节型机构两种。

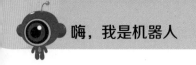

（二）焊接机器人的应用

焊接机器人在工业生产中得到了广泛的使用。应用焊接机器人，不仅可以避免焊缝质量因人为不确定因素的干扰而受到影响，产品质量得到了保障，而且焊接机器人不会像人一样感受到疲惫，它可以 24 小时不间断地稳定高效工作，提高生产效率。

常用的焊接机器人有点焊机器人和弧焊机器人两种。

1. 点焊机器人

点焊机器人（Spot Welding Robot）是指用于进行点焊自动作业的工业机器人。它只要求点位控制，而不在乎点与点之间的移动轨迹是怎样的。使用点焊机器人最多的当属汽车车身的自动装配车间。

特点：点焊机器人负载能力强，工作速度快，动作平稳，定位准确。

2. 弧焊机器人

弧焊机器人（Arc Welding Robot）是指用于进行弧焊自动作业的工业机器人。在弧焊作业中，焊枪跟踪工件的焊道运动，并不断填充金属形成焊缝。整个焊接过程中，速度的稳定性和轨道精度至关重要。

关键技术：系统集成优化技术、协调控制技术、精确焊缝轨迹跟踪技术。

三、装配机器人

装配机器人（Assembly Robot）是为完成装配作业而设计的工业机器人。装配作业就是进行零件或部件的组装工作，主要操作就是将工件垂直拿起，然后水平移动，最后垂直放入的过程，这就要求设计一种能够沿水平、竖直方向移动，并且对工作平面施加压力的机器人作为装配机器人。

装配机器人做的工作绝大部分都是轴与孔的装配，这就要求装配机器人具有柔顺性，能够自动对准中心孔，这样才能做得既快又平稳准确。

（一）装配机器人的基本介绍

1. 装配机器人的组成

装配机器人是柔性自动化装配系统的核心设备，由机器人操作机、控制器、末端执行器和传感系统组成。

2. 装配机器人的种类

装配机器人一般分为水平多关节机器人、垂直多关节机器人和直角坐标机器人三种。

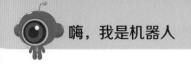

3. 装配机器人的特点

装配机器人具有精度高、稳定性高、柔顺性好、工作效率高等特点。

（二）装配机器人的应用

计算机（Computer）、通信（Communication）和消费性电子（Consumer Electronic）行业（简称 3C 行业）是目前装配机器人应用最大的市场。

3C 行业是典型的劳动密集型产业，工人所做的装配工作劳动量巨大，而且都是简单重复的工作。另外，随着科学技术的进步，电子产品逐渐向微小型、智能型转变，对产品零部件装配的精细化程度提出了更高的要求。装配机器人的研发与应用能够很好地解决这些出现的问题。

四、激光加工机器人

激光加工机器人（Laser Robot）是将机器人技术应用于激光加工中，通过高精度工业机器人实现更加柔性的激光加工作业。将激光加工技术和机器人技术高度融合，才能研发出性能较好的激光加工机器人。

（一）激光加工机器人的基本介绍

1. 激光加工机器人的系统组成

激光加工机器人是高度柔性的加工系统，整个激光加工系统包括高功率可光纤维传送激光器、传送系统、光学系统、机器人本体、数字控制系统、计算机离线编程系统、机器视觉系统、激光加工头、材料进给系统和加工工作台等。

2. 激光加工机器人的类型

激光加工机器人可分为框架式机器人和关节式机器人两类。

（二）激光加工机器人的应用

激光加工机器人广泛应用于汽车制造行业。目前，在国内外汽车产业中，最先进的制造技术就是激光焊接机器人和激光切割机器人。

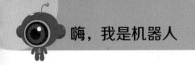

1. 激光焊接机器人

优越性：

①提高了焊接的速度和精度，进而提高了车身的刚度。

②激光焊接无须与车身进行直接接触，保障了车身线条的流畅性。

2. 激光切割机器人

在生产制造过程中，要想制造出符合规定要求的零部件，切割环节是必不可少的。现如今，激光切割机器人已经广泛应用于汽车生产线，采用激光切割机器人来切割车身，不仅速度快、精度高，而且车身线条视觉效果更好。

第七章

我家二哥——服务机器人

　　服务机器人包括很多种类，这里重点介绍移动机器人、空中机器人（无人机）、仿人机器人、农业机器人、娱乐机器人、医疗机器人和特种机器人这几类典型的服务机器人。

一、移动机器人

移动机器人是指自动执行工作的机器装置。它拥有遥控、自主或半自主三种行动方式。

移动机器人的移动机构有轮式（两轮式、四轮式、履带式）、足式（两足、四足、六足）、混合式（轮式和足式混合）、特殊式（吸附式、轨道式、蛇式）等类型。

移动机器人由驱动系统、控制系统和传感系统三部分构成。

驱动系统：对于移动机器人来讲，无论是怎样的移动机构，想要运动，都离不开驱动器的驱动。最常用的移动机器人驱动器是伺服电机。

控制系统：移动机器人的控制系统是以计算机控制技术为核心的实时控制系统。

传感系统：移动机器人要通过传感系统实时了解到自己的身体状态以及外界的环境信息。

（一）清洁机器人

在商场里面，有些地方已经很少能够看到清洁工人的身影了，取而代之的是清洁机器人。

清洁机器人不仅可以灵活行走、自主避让，还可以自动清洁污渍，抛光翻新，被称为"室内全场景地面石材养护机器人专家"。

听说了吗？听说了吗？最近购物商场可是出现了一位最强"打工人"。

谁呀？

哎呀，不就是这台清洁机器人吗！

（二）迎宾接待机器人

目前为止，迎宾接待机器人是在公共服务领域中应用最为广泛的机器人之一。医院、银行、商场，随处可见迎宾接待机器人的身影，它们都在自己的岗位上为人们提供着服务。

别看它个头不大，会的可不少！业务咨询办理、引导带路，它可是样样精通。

（三）快递配送机器人

当越来越多的人喜欢足不出户，在家进行网上购物时，快

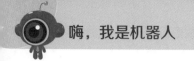

递物流配送行业也进入了空前的繁荣时期。但是，问题也接踵而至，快递多了，快递小哥却人手不足了！为解决快递人员不足问题，一些企业研制了配送机器人，如京东自主研发的京东配送机器人。

京东配送机器人现在已经应用于各大高校，配送机器人从站点装货后，按照既定路线自动导航行驶，路程中自主规避障碍和往来的车辆行人，在到达客户指定收货地点后，通过京东APP、电话、短信等方式通知客户取货，客户通过人脸识别、提货码等多种人机交互方式快捷取货。

二、空中机器人（无人机）

空中机器人就是我们常说的"无人机"（Unmanned Aerial Vehicle，简称：UAV）。无人机是指由动力驱动、机内无人驾驶、可重复使用的，可依靠机载控制器自主飞行或由人在计算机或特定遥控器的遥控下飞行的飞行器。

无人机相较于传统载人飞行器有体积小、隐蔽性强、机动灵活、低能耗、成本低、零伤亡等优点。正是由于上述这些优点，无人机才能在军事、农业、工业等各领域被广泛应用。

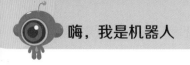

（一）军用无人机

彩虹无人机（CH-4）是国内同级别无人机系统中挂载能力最强、飞行能力最优的无人机，被称为中国军用航空的领秀之作。

它既可以执行战场侦察任务，搜集敌方作战信息，进行超视距预警，也可以执行电子战任务，还能对地面固定目标和低速移动目标实施精确打击。

（二）消防无人机

无人机加入消防主战场，以其独特的高空视角，可以第一时间获取火灾现场信息，实时火情监测。同时，它可以挂载消防水枪、干粉灭火器等不同类型的灭火器材，替代消防员进入某些危险或不易到达的区域完成灭火扑救任务。

如果高层建筑物发生火灾，一个101米的云梯消防车完全展开约需要半个小时的时间，而采用无人机搭载消防水枪进行灭火工作，可在短短几分钟内将明火扑灭，而且灭火高度更是高达 300 米，可以轻松实现百层高楼的灭火工作，这大大缩短了灭火时间，提高了救援效率。

消防无人机的应用为切实打造新时代空天地一体化应急平台提供了助力，是支撑高效科学救援的重要手段。

（三）应急通信无人机

在很多灾害事故的现场，都会发生因基站被破坏，导致通讯不畅的问题。灾区无法与外界进行沟通时，不仅会使被困人员无法第一时间发出求救信息，也会影响救援的调度。

在 7·20 郑州特大暴雨事件中，因暴雨导致通信中断，应急管理部紧急调派"翼龙"-2H 型应急救灾型无人机到达受灾现场，恢复公网通信。空中滞留 5 小时，恢复周围 50 平方千

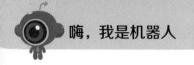

米信号。这是无人机在应急救援领域中的新应用，是一种新的尝试，是我国应急救灾保障的新力量，进一步完善了应急管理系统信息化、智能化体系。

（四）农业无人机

现如今，农业领域也逐步走向信息化、智能化。在农业种植行业，农业无人机这种科技产品的使用十分普遍，它可以代替人工进行播种、喷药、监测等工作，而且方便快捷，省时省力又省心。

（五）航拍无人机

无论是电影、电视剧、纪录片的拍摄，还是资源勘探、测绘等，都离不开航拍无人机的使用。同时，航拍无人机也是摄影爱好者的"心头好"，用它去拍摄祖国的好山好水好风光，记录下旅程中的点点滴滴。

三、农业机器人

（一）采摘机器人

每到果蔬成熟的季节，农民伯伯总是最忙碌的，大量的农作物等待着被采摘，要知道最佳的果蔬采摘时间往往只有短短的几天，错过了时间，果蔬都会烂在田间。采摘机器人能够24小时不间断工作，而且工作效率高、工作质量好。

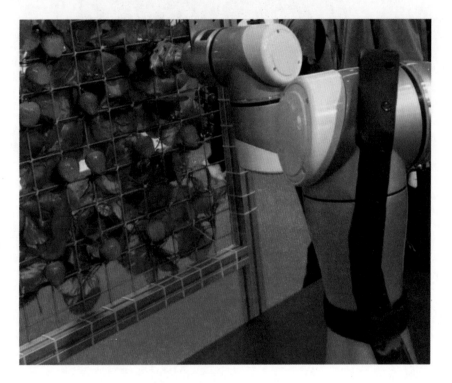

（二）食品包装机器人

大量的瓜果蔬菜被采摘下来，就要装盒打包了。食品包装机器人既要做到快速准确抓取食品，又要做到拿放轻柔不损伤食品。食品包装机器人可以分别抓取不同水果放入餐盒中，完成食品包装。

四、仿人机器人

在 2022 世界机器人大会上，一曲由邓丽君演唱的《我只在乎你》在展区回响，"任时光匆匆流去，我只在乎你……"循着歌声走去，只见"邓丽君"身穿银色长裙，手握麦克风，正在深情演唱，她的一颦一笑，无不唤醒在场观众脑海中的记忆。

这是怎么回事？这是谁？人们心中不禁发出疑问。

原来这就是仿人机器人啊！她在演唱过程中，眼波流转，嘴唇一张一合，腰身随着旋律摆动，流畅优美，真的是太逼真了！

在她的旁边站着的，就是我们大家更为熟知的，经常出现在物理课本上的人物，大名鼎鼎的"法拉第"，他正在声情并茂的讲解电磁学知识。

看，那是谁？爱因斯坦！一头白发的"爱因斯坦"机器人正在生动的讲解物理知识，它能够自由起坐，在讲解的过程中手部与手指都可以灵活做动作。

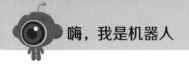

五、娱乐机器人

弹琴、画画等艺术活动，机器人是否可以做到呢？

（一）机器人电子琴演奏单元

机器人在演奏曲目。机械手是如此的灵活，十根手指完美将人手复杂的弹奏动作精准复制，演奏出的美妙音乐，令人如痴如醉。

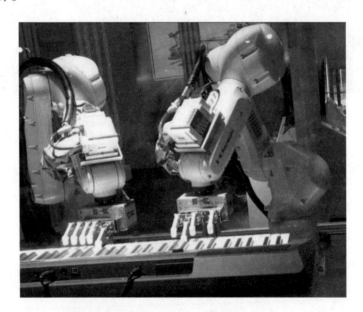

（二）画像机器人

画像机器人。它只需用眼部摄像头拍下人的面貌，抓取人的神态表情，三分钟内就能画出一幅肖像画，而且画得惟妙惟肖，神韵十足。

六、医用机器人

随着社会的进步和人们生活水平的提高，人们越来越重视生命健康。医用机器人的研发与应用提高了医疗诊断的准确性与治疗的质量。

医用机器人是指用于医院的医疗或辅助医疗的机器人，是一种智能型服务机器人。医用外科机器人、康复机器人、高值耗材医疗配送机器人和护理机器人是当下最常使用的医用机器人。

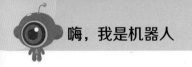

（一）医用外科机器人

说起达·芬奇手术机器人，相信大家对它都不会陌生。在医学领域，达·芬奇手术机器人可谓备受瞩目。

达·芬奇外科手术系统是一种高级机器人平台，它代表着世界顶级水平的微创手术平台，其设计理念是通过使用微创的方法，实施复杂的外科手术，综合了开放手术以及传统腔镜手术的优点。

（二）康复机器人

康复机器人作为医疗机器人的一个重要分支，也是当今机器人研究的热点。康复机器人可通过系统科学的康复训练，帮助患者恢复身体机能，早日摆脱疾病的困扰，能大大促进了康复医学的发展。

（三）高值耗材医疗配送机器人

高值耗材医疗配送机器人，适用于医院各类手术室，不仅可以快速将医生所需物品送达，而且还可以对医院耗材进行全程追溯化管理。

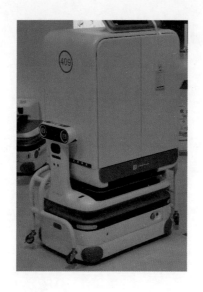

（四）护理机器人

目前，我国人口老龄化问题严重，养老成为社会热点问题，如何让老人享受晚年生活，真正做到老有所养、老有所依、老有所乐成为焦点。护理机器人的出现成了关键。

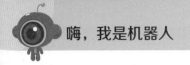
七、特种机器人

（一）救援机器人

引发各类事故灾害的诱因多种多样，应急救援任务的处置难度日益加大，严重威胁着人们的生命安全。在突发事故来临的时候，智能高效的应急救援极为重要，救援机器人的出现为应急救援提供了新的模式。

1. 消防机器人

火灾现场，消防指战员们冲锋在第一线，各种不确定因素导致每年都会有消防战士牺牲在火场中。消防机器人的研发与应用改善了这一现状，它可代替消防员进入易燃易爆、有毒等危险现场开展救援工作，从而减少人员的牺牲。

2. 侦察机器人

侦察机器人主要用于自然灾害、事故灾难以及各种突发事件中，起到承担辅助通信、环境探测和救援的作用。

（二）电力机器人

随着科技的进步，人们的生活已经越来越离不开电力，手机、电脑、台灯等都需要电力的支持。

火电、风电、水电、核电、太阳能是我国主要发电形式，但是，无论是哪种发电形式，变电站都是不可或缺的部分。因为它的关键性，日常的变电站巡检、维护是必不可少的，这项工作不

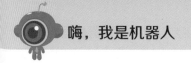

但会消耗大量的人力，而且非常危险。为解决这一难题，电力机器人应运而生。

1. 变电站开关室内巡检机器人

变电站开关室内巡检机器人可以对室内设备进行状态监测，并通过后台对巡检数据与历史数据进行对比分析，发现设备隐患，保障设备稳定运行。

2. 极寒适应型变电站巡检机器人

变电站巡检机器人除了要在开关室内进行巡检任务以外，

室外的巡检任务也是重点。极寒适应型变电站巡检机器人不仅可以满足低温长时间续航，而且检测结果还十分准确。

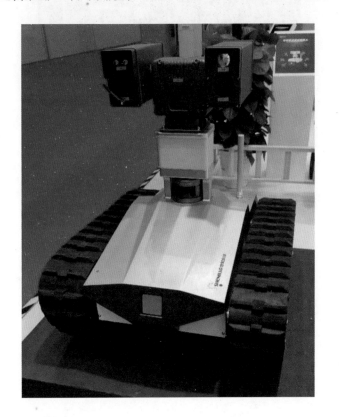

3. 开关室操作机器人

在巡检机器人发现设备隐患故障之后，就需要开关室操作机器人进行处理了。开关室操作机器人在变电站开关室内，代替或辅助人工完成开关柜的应急分闸以及常规倒闸操作任务，大大缩短了故障处理时间，保障了作业人员的人身安全。

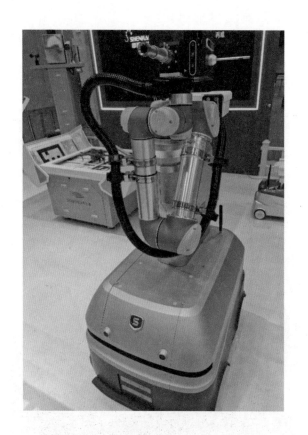

（三）煤矿井下机器人

煤炭开采环境十分复杂，危险系数还很高，这就需要用到煤矿井下机器人了。

1. 井下运输安全预警机器人

井下运输安全预警机器人可用于斜井绞车、无极绳绞车、单轨吊、卡轨车以及其他辅助运输设备上进行安全预警。

主要功能：

① 检测矿车前端的巷道内是否有人员。

② 检测矿车前端的轨道上是否有大块异物。

2. 固定值守机器人

固定值守机器人主要安装在皮带落煤点附近，对周围重点区域进行连续监控，对皮带机上可能威胁设备安全运行的物体进行识别，如大块砾石。当然，最重要的是它可以根据数据分析结果与皮带保护系统进行闭锁联动控制，发现异常，在报警的同时，控制皮带机停止运行。

（四）警用机器人

警察每天都要在街上巡逻执勤，警用机器人和警察一起上岗执勤，在巡逻过程中可以对人、事、物进行智能识别、侦查，减轻警察的工作强度。

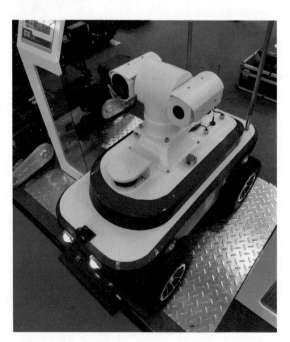

（五）水下机器人

海洋蕴含了大量的能源。水下机器人作为探索海洋、开发海洋能源的重要工具，其研发与实际应用发展较快。

水下机器人就是我们常说的潜水器，根据是否载人可分为载人潜水器（Human Occupied Vehicle, 简称：HOV）和无人潜水器 (Unmanned Underwater Vehicles, 简称：UUV) 两类，而无人潜水器又可以根据与水面支持设备的联系方式分为有缆水下机器人，又称遥控潜水器（Remotely Operated Vehicle, 简称：ROV）和无缆水下机器人，又称自治式潜水器 (Autonomous Underwater Vehicle, 简称：AUV)。

HOV、ROV 和 AUV 三种类型的潜水器各具特色，各有使命，互相不能代替。

1. 载人潜水器（HOV）

2020 年 11 月 10 日，我国全海深载人潜水器"奋斗者"号在"世界第四极"马里亚纳海沟的"挑战者深渊"成功坐底，深度达 10909 米。这是继"蛟龙"号、"深海勇士"号之后，创造的我国载人深潜最新深度记录。这意味着我国在载人深潜领域已经达到世界领先水平。

2. 遥控潜水器（ROV）

"海龙Ⅲ"ROV最大作业水深6000米，具备海底自主巡线能力和重型设备作业能力，可搭载多种调查设备和重型取样工具，代表了国内ROV研发的最高水平。

3. 自治式潜水器（AUV）

在深海复杂地形进行资源环境勘查时，"潜龙三号"具备微地貌成图、甲烷探测、浊度探测、氧化还原电位探测等功能，是我国最先进的AUV。

（六）空间机器人

从古至今，人们对于宇宙的想象从未停止。现在，随着科学技术手段的发展，利用空间机器人，我们可以实现对未知宇宙的奇妙探索。

1. 天问一号

天问一号任务的完成，标志着中国首次火星探测任务取得圆满成功。这既是中国航天事业自主创新，跨越发展的标志性成就，也是世界航天史上首次成功实现通过一次任务就完成火星环绕、着陆和巡视三大目标的工程。

2. 空间站机械臂

空间站机械臂是我国载人航天三期工程四大关键技术之一，用于保障空间站安全与运营、舱段组装建造、维护维修、辅助航天员出舱活动等任务，是我国空间站工程的关键设备。

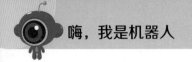

参考文献

[1] 张涛 . 机器人概论 [M]. 北京：机械工业出版社，2019.

[2] 张宪民 . 机器人技术及其应用 [M].2 版 . 北京：机械工业出版社，2017.

[3] 蔡自兴 , 谢斌 . 机器人学 [M].3 版 . 北京：清华大学出版社，2015.

[4] 芮延年 . 机器人技术——设计、应用与实践 [M]. 北京：科学出版社，2019.

[5] 戴凤智 , 乔栋 . 工业机器人技术基础及其应用 [M]. 北京：机械工业出版社，2020.

[6] 金以慧 . 过程控制 [M]. 北京：清华大学出版社，1993.